DER ORANGEAUGEN-HELMSKINK

TRIBOLONOTUS GRACILIS

Michael Evers

Männchen Foto: M. Evers

Inhalt

Bildnachweis:
Titel: Pärchen des Orangeaugen-Helmskinkes Foto: M. Evers
Kleines Bild: Auge eines Orangeaugen-Helmskinkes Foto: J. Vogeltanz

Seite 1: Weibchen Foto: M. Evers

ISBN 978-3-86659-146-2

An der Kleimannbrücke 39/41
48157 Münster
www.ms-verlag.de

Geschäftsführung: Matthias Schmidt
Lektorat: Kristina Stephan, Kriton Kunz, Mike Zawadzki & Axel Kwet
Layout: Barbara Schmücker
Druck: Druckhaus Fromm, Osnabrück

Vorwort

EINE Echse, die mit verblüffender Gewandtheit schwimmt, taucht und klettert, deren Äußeres den Betrachter an ein zierliches Krokodil erinnert und die sich zusätzlich durch Stacheln an Rumpf und Schwanz sowie wunderschöne,

leuchtend orangerot umrandete Augen auszeichnet – all diese Eigenschaften und Merkmale reichen in der Regel aus, um das Herz eines jeden Terrarianers höherschlagen zu lassen. Dennoch zählt der Orangeaugen-Helmskink (*Tribolonotus gracilis*) nicht gerade zu den Rennern unter den Terrarientieren: In Zoofachgeschäften findet man ihn selten, auf Börsen und im Internet gelegentlich, und auch das Angebot an Nachzuchten hält sich in Grenzen.

So hat diese außergewöhnliche Echse leider den Status einer „verkannten Schönheit".

Das mag einerseits daran liegen, dass *Tribolonotus gracilis* ein recht verstecktes Leben führt und seine Attraktivität nur dem geduldigen Beobachter auffällt. Andererseits gibt es auch in der Fachliteratur nur wenige verlässliche Informationen über Lebensgewohnheiten und Haltung, weshalb viele potenzielle Halter eher andere Arten wählen.

Mit diesem Buch möchte ich diese bislang wenig beachtete Echsenart einem größeren Kreis von Lesern vorstellen und darüber hinaus eine praktische Anleitung zur Pflege und Nachzucht geben.

Michael Evers
Stuttgart, im Frühjahr 2010

Der Orangeaugen-Helmskink trägt seinen deutschen Namen zu Recht, wie unschwer zu erkennen ist. Foto: B. Love

Einleitung

SKINKE (Scincidae) sind mit 118 bekannten Gattungen und etwa 1.240 Arten die größte Echsenfamilie. Im Verlauf der Evolution haben diese Reptilien ein gewaltiges Verbreitungsgebiet mit den unterschiedlichsten Lebensräumen erobert. Sie sind auf allen Kontinenten außer der Antarktis verbreitet und bewohnen Wüsten, Steppen sowie die trockenen und feuchten Gebiete der warmgemäßigten Zone. Auch in den tropischen Feucht- und Regenwäldern besetzen sie die unterschiedlichsten Nischen. Sie leben sowohl am Boden als auch im Unterholz und sogar als Baumbewohner in den oberen Etagen des Regenwaldes.

In all dieser Artenvielfalt nimmt der Orangeaugen-Helmskink zusammen mit einigen weni-

Systematische Stellung

DER Orangeaugen-Helmskink gehört zur Familie der Scincidae, zur Unterfamilie der Lygosominae und zur Gattung *Tribolonotus*, zu der neben *T. gracilis* weitere sieben Arten zählen: *Tribolonotus annectens, T. blanchardi, T. brongersmai, T. novaeguineae, T. ponceleti, T. pseudoponceleti* und *T. schmidti*, die aber nach meinen Erfahrungen allesamt nur sehr selten, wenn überhaupt, im Handel angeboten werden. Alle Arten kommen in Südostasien im Bereich Neuguineas und weiter östlich bis hin zu den Salomonen vor.

Folgende Übersicht gibt die Stellung von *Tribolonotus gracilis* im System der Reptilien an:

Klasse: Reptilia (Kriechtiere)
Ordnung: Squamata (Schuppenkriechtiere)
Unterordnung: Sauria (Echsen)
Zwischenordnung: Scincomorpha (Skinkartige)
Familie: Scincidae (Skinke)
Unterfamilie: Lygosominae
Gattung: *Tribolonotus*
Art: *Tribolonotus gracilis*

Männchen Foto: M. Evers

gen anderen Arten eine Sonderstellung ein. Er ist halb aquatil, also sehr stark an das Wasser gebunden. So findet man ihn denn auch vorwiegend in dessen Nähe, er kann vorzüglich schwimmen und tauchen und zieht sich bei Gefahr mit einem schnellen Sprung ins Wasser zurück.

Was *Tribolonotus gracilis* weiterhin von einer Vielzahl anderer Skinke abhebt, ist sein ungewöhnliches Äußeres, das so gar nicht zu dem gewohnten Erscheinungsbild dieser Echsenfamilie passen will, bei der für einen Großteil der Gattungen ein walzenförmiger, glattschuppiger, eher plumper Körper, ein vom Rumpf kaum abgesetzter Kopf und kleine, eher schwach ausgebildete Beine charakteristisch sind.

Beschreibung

DER Orangeaugen-Helmskink wird bis zu 20 cm lang, bei einem Gewicht von ca. 45 g. Sein Äußeres erinnert auf den ersten Blick an ein kleines, graziles Krokodil, und damit trägt er die häufig verwendete Bezeichnung „Buschkrokodil" völlig zu Recht. Rücken und Schwanz sind mit vier Reihen kräftiger Stacheln besetzt, die Schuppen der Beine laufen ebenfalls in Stacheln aus. Der Kopf ist klar vom Rumpf abgesetzt, dreieckig geformt und trägt an der zum Rücken weisenden Seite einen helmähnlichen Fortsatz – was ihm den Namen „Helmskink" eingetragen hat. Kopf, Rücken und Beine sind schwarz bis grau. Die Bauchseite ist an den Rändern cremeweiß und in der Mitte bis hinauf zur Kehle gelb bis orange gefärbt. Das auffälligste Merkmal bilden jedoch die orange umrandeten Augen, die vorn an der braunen Iris leuchtend gelb gerändert sind.

WUSSTEN SIE SCHON?

Als wechselwarme Tiere haben Helmskinke einen wesentlich geringeren Energieverbrauch als gleich große Säugetiere oder Vögel, andererseits sind sie dadurch in ihrer geografischen Verbreitung auf die Tropen beschränkt, wo im Bodenbereich ganzjährig die bevorzugten Temperaturen herrschen.

Kehle
Foto: M. Evers

Deutlich sichtbare Schwielen beim Männchen Foto: M. Evers

Bei den Tieren existiert ein Sexualdimorphismus, Männchen und Weibchen können also anhand äußerlicher Merkmale im Körperbau unterschieden werden. So hat das Männchen einen etwas wuchtigeren Kopf und weist im Gegensatz zum Weibchen deutliche grauweiße, schwielenförmige Poren an den Unterseiten der dritten und vierten Zehe der hinteren Füße auf. *Tribolonotus gracilis* besitzt die Fähigkeit, bei Gefahr den Schwanz abzuwerfen (Autotomie). Regenerate erreichen zwar fast wieder die Originallänge, jedoch tragen sie keine Stacheln mehr.

Beim Weibchen fehlen die Schwielen. Foto: M. Evers

Verbreitung, Lebensraum und Lebensweise

TRIBO*lonotus gracilis* kommt auf Neuguinea, den Admiralitätsinseln sowie auf der Papua-Neuguinea nordöstlich vorgelagerten Vulkaninsel Karkar vor. Dort leben die Skinke in mäßig warmen, feuchten Bergwäldern bei Temperaturen um 24 °C und einer relativen Luftfeuchtigkeit von 80–100 %. Sie bewohnen in unmittelbarer Nähe zum Wasser das Unterholz, wo ihnen Blätter, Kokosfasern, hohle Baumstämme und Baumrinden als Versteck dienen.

Orangeaugen-Helmskinke lieben das Leben im Verborgenen und verringern auch in Terrarienhaltung ihre Scheu gegenüber ihrem Pfleger nur ganz allmählich – sie werden ihre Zurückhaltung aber nie völlig verlieren.

Helmskinke sind wie alle Reptilien wechselwarm, ihre Körpertemperatur steht also in direkter Abhängigkeit zur Außentemperatur. Sie sind daher auf äußere Wärmequellen ange-

Orangeaugen-Helmskinke werden passenderweise oft auch als „Buschkrokodil" bezeichnet. Foto: J. Vogeltanz

wiesen, um die für sie optimale Körpertemperatur zu erreichen. Anders als andere, zumeist sonnenliebende Skinkarten, meiden Helmskinke die Sonne. Die von ihnen bevorzugten Temperaturen liegen zwischen 22 und 26 °C; in diesem Bereich sind sie am aktivsten. Höheren Temperaturen weichen die Tiere aus, indem sie sich in kühlere Verstecke zurückziehen, um dort ihre Körpertemperatur entsprechend niedrig zu halten.

Die Tiere sind vorwiegend dämmerungs- und nachtaktiv, auch wenn die für Nachtaktivität eher untypischen runden Pupillen nicht unbedingt darauf hindeuten. Tagsüber ziehen sich die Skinke gewöhnlich in ihre Verstecke zurück – sei es im Wasser in der Mulde eines Wasserfalls, hinter einer Pflanze oder im eher mäßig feuchten Bereich unter einer Baumrinde.

Wenn eines der Tiere merkt, dass es gesehen wird, so duckt es den Kopf und verharrt in völli-

Orangeaugen-Helmskinke bewohnen das Unterholz in unmitelbarer Nähe zum Wasser.
Foto: R. Günther

ger Regungslosigkeit (Akinese). In diesem Zustand entwickeln die Echsen eine außerordentliche Geduld und verharren darin über einen beträchtlichen Zeitraum, bis sie schließlich vorsichtig den Kopf heben, um sich zu vergewissern, dass die Gefahr vorüber ist. Dann suchen sie mit blitzschnellen Bewegungen das nächste Versteck auf – ein Vorgang, der einer gewissen Komik nicht entbehrt. Will man nach einem Tier greifen, das bewegungslos verharrt, so flüchtet es ins Wasser.

Trotz dieses ausgeprägten Fluchtverhaltens ist es doch recht einfach, so einen Skink zu fangen – sein Schutz vor Feinden besteht hauptsächlich in der oben beschriebenen Akinese, die mit einer vorzüglichen Tarnung einhergeht. Wenn der Skink sich nicht bewegt, ist er nur sehr schwer von rauen, dunklen Rinden und dunklem Laub zu unterscheiden.

In der Hand stoßen die Skinke deutlich hörbare Quaklaute aus, wobei sie das Maul weit aufreißen. Die Rufe scheinen allerdings ausschließlich der Abwehr von Feinden zu dienen, da ich sie bisher in keinem anderen Zusammenhang gehört habe. Gelegentlich passiert es auch, dass die Skinke zur Verteidigung beißen, wenn sie keine Möglichkeit sehen, sich aus der Hand zu

Gesetzliche Bestimmungen

WEDER in ihrer Heimat noch in Deutschland unterliegen Orangeaugen-Helmskinke Artenschutzbestimmungen. Sie sind nicht im Washingtoner Artenschutzabkommen (WA) und ebenso wenig in der Bundesartenschutzverordnung (BArtSchV) erfasst. Entsprechend besteht in Deutschland auch keine Meldepflicht, wenn man die Tiere erworben hat. Ich persönlich habe es mir jedoch zur Regel gemacht, alle von mir gepflegten Tiere bei der dafür zuständigen Abteilung des Regierungspräsidiums auf einem Bestandsformular ein Mal pro Jahr zu melden.

In einer Mietwohnung ist man als Terrarianer nicht selten einer gewissen Ablehnung oder sogar offenen Feindseligkeiten ausgesetzt, denn man schürt mit

befreien. Sie lassen aber augenblicklich los, wenn man die Hand öffnet und ihnen damit Gelegenheit zur Flucht bietet.

Mäßig warme, feuchte Bergwälder sind die Heimat von *Tribolonotus gracilis*. Foto: R. Günther

der Haltung von Reptilien immer noch alte Ängste und Vorurteile. Unabhängig davon, wie man sich mit seinen Hausmitbewohnern arrangiert, gilt für Wohnungseigentümer und Mieter folgende Rechtslage: Echsen gelten nach den gesetzlichen Bestimmungen als nicht genehmigungspflichtige Kleintiere, deren Haltung weder verboten noch im Mietvertrag ausgeschlossen werden darf. Die Haltung kann allerdings dann juristisch problematisch werden, wenn es zu einer nachweislich erheblichen Belästigung kommt. So können z. B. wiederholt in Erscheinung tretende entwichene Futtertiere dem Vermieter eine Möglichkeit geben, die Haltung zu untersagen. Ansonsten ist gegen die Pflege von *T. gracilis* rechtlich in keiner Weise etwas einzuwenden.

Erwerb

MAN kann Orangeaugen-Helmskinke in Zoofachgeschäften (eher selten und oft teuer), vereinzelt auf Reptilienbörsen oder direkt vom Halter erwerben. Generell gilt, dass sich das Angebot in Grenzen hält, es aber mit etwas Geduld durchaus möglich ist, schöne und gesunde Tiere zu erwerben.

Kauft man die Skinke direkt beim Halter, kann man sie sich genau und in Ruhe anschauen und sich gleichzeitig davon überzeugen, dass die Echsen artgerecht untergebracht sind und mit Aufmerksamkeit gepflegt werden.

Wenn irgend möglich, sollte man natürlich Nachzuchttiere erwerben. Diese sind Wildfängen nicht nur aus Gründen des Artenschutzes vorzuziehen, sondern auch in aller Regel parasitenfrei und das Leben im Terrarium von Anfang an gewohnt. Der Markt dafür ist

In größeren Zoofachgeschäften werden Orangeaugen-Helmskinke gelegentlich angeboten.
Foto: M. Evers

Man sollte sich über den Gesundheitszustand eines Tieres stets vor dem Kauf Klarheit verschaffen, dabei haben sich folgende Kriterien als sinnvoll erwiesen:
Das Tier muss einen gut genährten Eindruck machen, die Hinterbeine sollten kräftig sein, die Schwanzwurzel darf nicht eingefallen wirken.
Der Skink sollte lebhaft sein. Man muss aber beachten, dass diese Echsen, wie bereits beschrieben, im Terrarium zur Akinese neigen. In der Hand allerdings sollten sie Abwehrreaktionen zeigen, z. B. quaken, das Maul aufreißen oder auch beißen.
Beine, Schwanz und Rumpf sollten nicht zittern.
Der Rücken sollte keine unnatürlichen Verkrümmungen aufweisen.
Der Kiefer sollte keine Anzeichen von Rachitis (Verformung durch Wachstumsstörungen) zeigen, Ober- und Unterkiefer müssen bei geschlossenem Mund glatt abschließen. Die Mundschleimhäute dürfen keine Verletzungen aufweisen, im Inneren des Mauls dürfen keine Parasiten oder Eiter sein.
Aus den Nasenöffnungen darf kein schleimiger Ausfluss austreten, die Tiere sollten nicht schniefen, pfeifen oder husten.
Es sollten keine Entzündungen, Beulen oder Verletzungen sichtbar sein. Auch sollte der Körper sorgfältig auf Parasiten wie z. B. Milben oder Zecken untersucht werden – besonders die Hautfalten und die Augen.
Die Augen sollten nicht tränen oder unnatürlich geschwollen sein.
Das liest sich wie ein Schreckenskatalog und mag den nicht so erfahrenen Terrarienfreund schon bei der Lektüre vom Kauf eines Helmskinks abhalten. Zur Beruhigung sei jedoch gesagt, dass bei sorgfältiger Haltung solche Probleme in den seltensten Fällen auftreten. Bei Wildfängen dagegen treten sie häufiger auf.

zwar noch relativ klein, scheint sich aber allmählich zu erweitern. Holt man Nachzuchten direkt beim Züchter ab, hat man dort die Möglichkeit, sich die Elterntiere genau anzuschauen. Bei sorgfältig gehaltenen, schönen und gesunden Elterntieren kann man ruhig Nachzuchttiere erwerben. Außerdem gibt ein Blick in das Terrarium des Züchters oft Anregungen für das eigene Terrarium, und man kann sich zudem in einem Gespräch ohne Hektik über Details informieren.

WUSSTEN SIE SCHON?
In Anzeigen haben sich folgende Abkürzungen durchgesetzt: Vorangestellte, durch Kommata abgetrennte Zahlen zeigen das Geschlecht der angebotenen Tiere an. Vor dem ersten Komma steht dabei die Anzahl der Männchen, dahinter die der Weibchen. Steht nach einem weiteren Komma noch eine Zahl, zeigt sie die Anzahl der Tiere an, deren Geschlecht noch unbekannt ist, meist Jungtiere.
NZ steht für Nachzuchttiere, WF für Wildfänge. *Tribolonotus gracilis* 0,1 WF und 0,0,1 NZ 2/06 bedeutet also: ein Weibchen *T. gracilis* Wildfang und ein Nachzuchttier, Geschlecht unbekannt, geschlüpft im Februar 2006.

Anzeigen, in denen Züchter ihre Jungtiere anbieten, finden Sie beispielsweise im Internet (z. B. auf www.reptilia.de, der gemeinsamen Homepage von REPTILIA, TERRARIA und DRACO), aber auch im „online Anzeigenjournal" der DGHT oder über einschlägige Terraristikadressen im Internet kann man Glück haben.
Mittlerweile gibt es Versanddienste, die Kleintiere zum Transport annehmen, sodass man die Tiere vom Züchter auch über längere Strecken geschickt bekommen kann – man spart sich dadurch lange An- und Rückfahrten. Mögen auch viele Terra-

Transport und Quarantäne

IN der Literatur werden unterschiedliche Vorschläge hinsichtlich des Transports von Echsen gemacht. Da *T. gracilis* nur unter feuchten bis nassen Bedingungen überleben kann, sollten die Tiere auch in feuchter Umgebung transportiert werden. Da die Skinke nicht sehr groß sind, kann man fest verschließbare Plastikdosen von ca. 18 cm Länge verwenden, in deren Deckel man einige Luftlöcher bohrt.

In den Behälter gibt man etwas feuchtes Moos oder feuchtes Küchenpapier. Moos hat den Vorteil, dass sich die Tiere darin verbergen können, was ihren natürlichen Bedürfnissen sehr entgegenkommt. Auf keinen Fall sollte man einfach Wasser einfüllen, und sei der Pegel auch noch so niedrig – die Skinke finden in den Dosen keinen Halt und könnten darin ertrinken.

rien-
freunde
damit positive Erfahrungen gesammelt haben, so ist meines Erachtens doch davon abzuraten, da man sich nur als Selbstabholer über das Aussehen und den Gesundheitszustand der Tiere informieren kann.

Porträt eines Männchens
Foto: M. Evers

Die Echsen sollten auf jeden Fall einzeln untergebracht werden, damit sie sich unterwegs nicht gegenseitig verletzen. Als günstig für den Transport haben sich relativ niedrige Temperaturen um 20 °C erwiesen. Diese Temperatur liegt etwas unter den Vorzugstemperaturen und hat somit den Vorteil, dass die Tiere aufgrund der leicht herabgesetzten Körpertemperatur beim Transport nicht zu lebhaft oder gar panisch werden. Sind die Außentemperaturen noch niedriger, legt man eine entsprechend temperierte Wärmflasche zusammen mit den Plastikdosen in die Transportbox, die aus isolierendem Material (z. B. Styrodur) bestehen sollte. Die Dosen mit den Tieren werden darin durch z. B. zerknülltes Zeitungspapier gegen Verrutschen gesichert.

Zu Hause angekommen, sollten die Tiere keinesfalls sofort in das endgültige Terrarium gesetzt werden, sondern vorübergehend eine Quarantäne durchlaufen, um eventuell vorhandene Krankheiten zu erkennen und zu behandeln bzw. um Parasiten zu bekämpfen. Vorzugsweise wählt man dazu ein Glasterrarium, da es leicht zu reinigen ist. Es kann kleiner sein als das später vorgesehene, endgültige Becken: Für ein adultes (erwachsenes) Pärchen gut geeignet sind 60 x 40 x 30 cm (Länge x Breite x Höhe).

Die Einrichtung beschränkt sich auf das Allernotwendigste, die Einrichtungsgegenstände müssen leicht zu reinigen und ohne große Umstände auszutauschen sein. Als Untergrund dienen mehrere Lagen reißfester Küchentücher oder Zeitungspapier, dazu als Bademöglichkeit ein Plastikbecken mit ungefähr 3 cm Wasserstand. Einige leicht gewölbte Baumrindenstücke und eventuell Kunstpflanzen dienen als Verstecke.

Als Beleuchtung dienen eine Leuchtstoffröhre (18 W, Kaltton) sowie eine UV-Röhre (20 W, Stärke 2.0 oder 5.0). (Siehe dazu auch Kapitel „Beleuchtung").

Kann die notwendige Temperatur (ca. 24 °C im Wasser, rund 25 °C in der Luft) auf diese Art nicht erreicht werden, empfiehlt sich der Einsatz einer 10–15-W-Heizmatte, die man unter das Terrarium legt.

Die Küchentücher bzw. das Zeitungspapier werden etwa alle drei Tage, das Wasser täglich gewechselt. Die Einrichtung wird einmal täglich ordentlich übersprüht, jedoch sollte der Bodengrund nur feucht und nicht nass sein.

Bei diesen etwas beengten Verhältnissen ist es besonders wichtig, die Tiere daraufhin zu beobachten, ob sie untereinander verträglich sind. In der Regel entstehen bei einem Besatz

DER PRAXISTIPP

Achten Sie darauf, dass sie die Tiere bei Sonnenschein nicht in einem für längere Zeit abgestellten PKW lassen. Der Innenraum kann sich auch bei geringeren Außentemperaturen unter direkter Sonneneinstrahlung relativ schnell auf 45 °C und mehr aufheizen. Die Echsen haben in ihrem Behälter keine Möglichkeit, diesen hohen Temperaturen auszuweichen; sie würden unweigerlich Schaden durch Überhitzung nehmen und schlimmstenfalls sogar eingehen.

mit einem Pärchen bei *T. gracilis* keine Probleme.
Gefüttert werden die Echsen genauso wie später in ihrem endgültigen Quartier (siehe Kapitel „Ernährung"). Nun sollte das Futter aber nicht einfach ins Terrarium geworfen werden, da sich die Futtertiere sonst schnell verkriechen und dann selbst in einem so übersichtlich gestalteten Becken schlecht auffinden lassen beziehungsweise im Wasserteil leicht ertrinken. Hier helfen kleine, ca. 6 cm hohe Glasbehälter, an die man von außen ein Stück Rinde lehnt und so für die Echsen zugänglich macht. Helmskinke finden diese Futterquelle sehr schnell, und als Pfleger hat man so einen besseren Überblick, ob die Tiere gut ans Futter gehen.
Nun entnimmt man eine Kotprobe und bringt sie zu einem mit Reptilien vertrauten Tierarzt oder schickt sie an eine veterinärmedizinische Untersuchungsstelle (siehe „Weitere Informationen"). Das Untersuchungsergebnis erhält man nach etwa 2–3 Wochen. Ist dieser Befund negativ, so sollte sicherheitshalber nach 14 Tagen eine zweite Kotprobe eingeschickt werden, da aus der ersten Probe

So lassen sich junge und adulte Tiere gut transportieren.
Foto: M. Evers

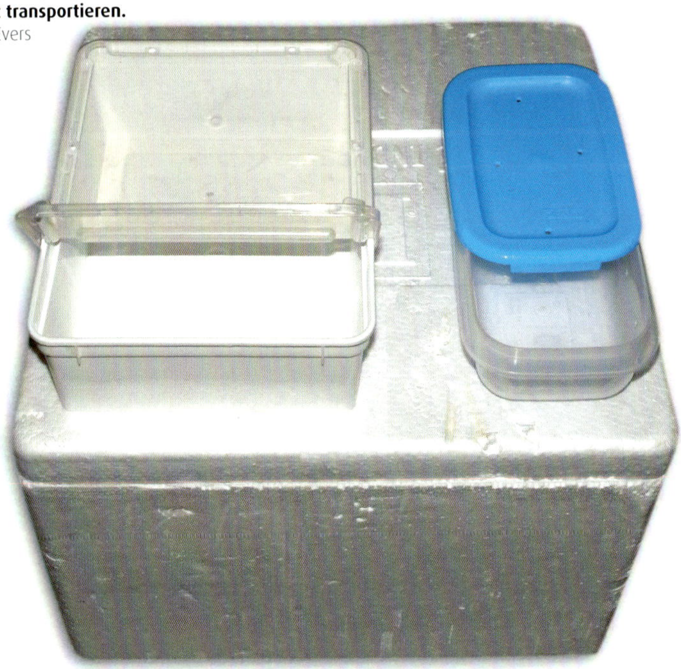

nicht zwangsläufig der gesamte Parasitenbefall hervorgehen muss. Ist dieser Befund ebenfalls negativ (d. h., die Tiere sind gesund), steht einer Übersiedlung ins endgültige Domizil aber nichts mehr im Wege.

Bei positivem Befund liefern einige Institute einen Therapievorschlag gleich mit. Damit geht man zum Tierarzt, der dann die notwendigen Maßnahmen ergreifen kann. Es ist sinnvoll, sich schon vorher nach einem spezialisierten Veterinär in der Nähe zu erkundigen, den man dann auch weiterhin bei Verletzungen oder Krankheiten zu Rate ziehen kann. Auf jeden Fall muss nach erfolgter Therapie zumindest eine weitere Kotprobe eingereicht werden, um sicherzugehen, dass die Tiere jetzt tatsächlich gesund sind.

Es versteht sich von selbst, dass alle Gerätschaften wie Futternäpfe, Wasserschalen, Futterpinzetten usw. ausschließlich für die in der Quarantäne befindlichen Tiere verwendet werden. Alle Utensilien müssen regelmäßig gereinigt, Futterpinzetten sollten desinfiziert werden. Eine Methode dazu ist, sie in Spiritus

Ein Quarantänebecken sollte zur besseren Hygiene sehr einfach ausgestattet sein. Foto: M. Evers

zu tauchen, den man dann kurz abbrennt.
Es kann passieren, dass sich die Echsen unter den beengten und relativ sterilen Bedingungen im Quarantänebecken etwas schwer tun und man sie dort nur selten zu Gesicht bekommt. In ihrem endgültigen Terrarium gewöhnen sich die Skinke in der Regel aber schnell ein, sind morgens, abends und nachts aktiv und lernen auch hier schnell, das für sie bestimmte Futter aus dem oben beschriebenen Behälter anzunehmen. Mit zunehmender Eingewöhnung, insbesondere wenn man das Becken mit einem Wasserfall und einem kleinen Bachlauf ausstattet, zeigen sie sich des Öfteren auch tagsüber. Meine Echsen sind regelmäßig morgens und abends zu sehen, wenn nach dem Abschalten der hellen Leuchtstoffröhre nur noch das wenig intensive Licht der UV-Röhre das Terrarium beleuchtet und gewissermaßen eine Dämmerung simuliert. Man kann sie oft auch spät abends oder nachts mit einer Infrarotlampe beobachten, denn die Tiere nehmen dieses Licht offenbar nicht wahr und lassen sich dadurch nicht stören.

DER PRAXISTIPP

Es ist ratsam, mit seinen Echsen nur einen Tierarzt aufzusuchen, der sich auch wirklich mit Reptilien auskennt. Auf der Internetseite der Deutschen Gesellschaft für Herpetologie und Terrarienkunde (www.dght.de) finden Sie eine Liste von Veterinären mit besonderen Kenntnissen in der Behandlung von Reptilien. Am besten erkundigen Sie sich bereits vor dem Auftreten von Problemen nach entsprechenden Adressen in Ihrer Nähe.

Ein solcher nach oben enger werdender Glasbehälter eignet sich gut zur Fütterung der Echsen. Foto: M. Evers

Das Terrarium

BEI allen Überlegungen zur Haltung dieser Tiere muss man sich natürlich von dem Ziel leiten lassen, den Bedürfnissen des Orangeaugen-Helmskinks gerecht zu werden. Laut den „Mindestanforderungen an die Haltung von Reptilien“ von 1997, herausgegeben vom BUNDESMINISTERIUM FÜR ERNÄHRUNG, LANDWIRTSCHAFT UND FORSTEN, sollte die Beckengröße (Länge x Breite x Höhe) für ein Pärchen *T. gracilis* 5 x 4 x 4 betragen, multipliziert mit der Kopf-Rumpf-Länge (KRL) des größeren Exemplars. Setzt man als KRL 10 cm an, so ergäbe sich eine Beckengröße von 50 x 40 x 40 cm.

Generell bietet ein größerer Behälter den Tieren mehr Bewegungsraum und mehr Möglichkeiten, verschiedene Temperaturbereiche zu schaffen, das Terrarium reicher zu struk-

Ausschnitt des Terrariums mit Wasserfall Foto: M. Evers

turieren und die Tiere beim Ausleben vielfältigerer Lebensäußerungen zu beobachten.

Hinsichtlich der Beschaffenheit des Beckens stehen mehrere Varianten zur Verfügung:

1. Das Aquarium

Der einzige Vorteil liegt im relativ niedrigen Anschaffungspreis. Aquarien sind generell schlecht zugänglich, da alle Wände geschlossen sind. Zwar ist durch das Auflegen einer Scheibe eine hohe Luftfeuchte gewährleistet, jedoch kann eine Belüftung nur von oben erfolgen, was dazu führt, dass die am Boden befindlichen Rinden und Äste leicht schimmeln und somit zur einem Gesundheitsrisiko für die Tiere werden. Auch wirkt sich feuchte Stickluft negativ auf ihr Wohlbefinden aus und birgt Krankheitsrisiken.

2. Das Glasterrarium

Die eben aufgelisteten Nachteile kommen hier nicht zum Tragen, da eine ausreichende Belüftung und eine gute Zugriffsmöglichkeit garantiert sind. Daher ist ein solches Becken ohne Einschränkung zu empfehlen. Wenn man handwerklich geschickt ist, kann man ein Glasterrarium selber bauen, ansonsten sollte man es kaufen, obwohl es wesentlich teurer ist als ein Aquarium.

So offen zeigt sich der Orangeaugen-Helmskink auch im Terrarium selten, denn er liebt das Leben im Verborgenen. Foto: W. Dahm

3. Ein selbst gebautes Regalterrarium

Eine weitere Variante besteht darin, das Becken zu einem integralen Bestandteil einer Holzregalwand zu machen. An den Regalseitenwänden und an der Rückwand eines Regals werden dazu dünne Spanplatten in der erforderlichen Höhe angebracht. In den Regalboden wird eine kreisrunde Öffnung von etwa 15 cm Durchmesser gesägt.

Der ganze dreiseitige Korpus wird nun mit einer 0,5 mm starken Teichfolie ausgekleidet, die glattgestrichen und festgetackert wird. Am besten legt man die Folie über die Kanten und befestigt sie an den Außenseiten, da in dem feuchten Klima sonst die Krampen recht schnell rosten würden.

Für die Drainage wird der ausgeschnittene Hals einer Plastikflasche mit der Folie verklebt. Foto: M. Evers

In der Mitte der runden Bodenöffnung wird die Folie etwas nach unten gedrückt, und man schlitzt die unterste Stelle mit einem scharfen Messer kreuzförmig ein. Nun wird der ausgesägte Hals einer Plastikflasche dick mit haftstarkem Kleber versehen (ich verwende den PU-Hybrid-Kleber „Bombenfest" von der Fa. Lugato) und in die schlitzförmige Folienöffnung hineingedrückt. Diese trichterförmige Öffnung dient als Abfluss (Drainage), da sich sonst das Sprühwasser in dem Becken sammeln würde. Unter diesen Abfluss stellt man einen Auffangbehälter für das nach unten ablaufende Wasser. An der offenen Vorderfront werden unten ein 18 cm hohes Brett und oben eine Leiste von 3 cm eingepasst. Das Holz sollte vorher zwei Mal mit einem Einlassmittel für den Außenbereich behandelt werden. Das Brett wird ebenfalls mit der Teichfolie überzogen, und an Brett und Leiste werden dann die Laufschienen zur Aufnahme der beiden Frontscheiben angebracht.

Das Terrarium wird schließlich nach oben mit einer dicken Plastikscheibe (Acrylglas, Stärke 4 mm) abgedichtet – Kunststoff deshalb, weil Glas die UV-Strahlung herausfiltert.

Eine detailliertere Bauanleitung würde den Rahmen dieses Büchleins sprengen, ich habe eine solche aber in der Januarausgabe 2009 der DATZ gegeben (Evers 2009). Sie bezieht sich zwar auf Großterrarien, ist jedoch genauso gut auf kleinere Becken übertragbar.

Die eben beschriebene Variante ist zwar aufwändig, aber ohne Zweifel die kostengünstigste. Außerdem kann man die Größe selbst festlegen und ein Regalsystem mit mehreren Terrarien zusammenstellen. Der Nachteil liegt eindeutig darin, dass das Becken nicht herausnehmbar und damit auch nicht transportabel ist.

DER PRAXISTIPP

Für den Wasserteil sollte man auf Bodengrund wie beispielsweise Sand verzichten. Man erspart sich so viel Arbeit bei der regelmäßigen Reinigung. Besteht der Wasserteil aus einem Plastikeinsatz, so empfiehlt es sich, diesen zu einer Seite hin leicht schräg einzulassen. Die Schmutzstoffe sammeln sich an der tiefsten Stelle und lassen sich dann dort ohne großen Aufwand vollständig mit einem Schlauch absaugen.

Seitenwand mit Ventilator Foto: M. Evers

Eine üppige Bepflanzung kommt der versteckten Lebensart von *Tribolonotus gracilis* sehr entgegen. Foto: M. Evers

Die Einrichtung

EBENSO wie die Größe des Beckens orientiert sich auch die Einrichtung streng an den Bedürfnissen der Tiere. Alles Weitere ist lediglich eine Frage der Ästhetik. Den Echsen ist es letztlich gleich, ob sie in einem einfach gestalteten Terrarium leben, wenn ihre Ansprüche an Wasser, Bewegungs- und Versteckmöglichkeiten etc. befriedigt werden. Folglich ist eine sehr schlichte Einrichtung völlig ausreichend.

Im Folgenden möchte ich zwei Varianten vorstellen, welche sich zur Haltung von *T. gracilis* bewährt haben.

1. Die einfache Variante

Hierfür empfiehlt sich ein Terrarium mit den Maßen 60 x 50 x 40 (L x B x H) – oder einer vergleichbaren Grundfläche –, in welches man eine Wasserschale mit den Maßen 35 x 25 x 5 cm in den Bodengrund einlässt. Aufgrund der geringen Wassermenge und des damit verbundenen höheren Verschmutzungsgrads sollte das Becken alle 2–3 Tage herausgenommen, gereinigt und mit neuem Wasser aufgefüllt werden. Hier empfiehlt es sich, nach der „Wanne-in-Wanne"-Methode zu verfahren, d. h., man setzt eine Schale in eine zweite und lässt beim Wasserwechsel die äußere im Bodengrund. Die gereinigte Schale kann man dann einfach wieder einsetzen und verhindert so, dass Substrat in die Aussparung im Bodengrund hineinrutscht.

Für das Bodensubstrat eignet sich Kokoshumus und *Sphagnum*-Moos. Kokoshumus ist nichts anderes als gemahlene Kokosfaser, welche zu Briketts gepresst im Zoofachhandel angeboten wird. Das Brikett legt man ins Wasser, bis es vollständig aufgeweicht ist. Dadurch verliert es seine Festigkeit, und der aufquellende Humus kann über den Terrarienboden verteilt werden. Dieses Substrat speichert Wasser sehr gut und sollte zum Wohlergehen der Tiere immer feucht gehalten werden.

Eine Pflanze und einige Baumrinden vervollständigen die Einrichtung. Die notwendige Luftfeuchte wird dadurch hergestellt, dass man die gesamte Einrichtung morgens oder abends kräftig übersprüht.

Ich habe diese Variante anfangs mit gutem Erfolg praktiziert, einschließlich Nachzuchten, bin dann allerdings später zur zweiten Variante übergegangen, weil sie sich optisch ansprechender in die bestehende Regalwand einfügt.

2. Die aufwändige Variante

Die aufwändigere Variante sieht einen größeren und tieferen Wasserteil sowie einen Wasserfall vor. Mein derzeitiges Terrarium hat die Maße 80 x 65 x 45 cm (L x B x H); als Wasserteil dient eine Plastikwanne mit den Maßen 70 x 40 x 15 cm, welche so im Becken platziert wird, dass die linke Seite und die hintere Längsfront mit dem linken Bereich des Terrarienkörpers bündig abschließt. Genau dort wird später der weiter unten in einem eigenen Kapitel beschriebene Wasserfall angebracht.

Die Efeutute klettert sehr gut, ist anspruchslos und wirkt sehr dekorativ. Foto: M. Evers

In den entstehenden Freiraum an der rechten Seite und vorne werden nun kleine Styroporplatten bis auf ca. 2 cm unterhalb des Wannerandes passgenau eingefügt. Da die Weibchen von *T. gracilis* ihre Eier nicht eingraben, sondern nur lose im Moos oder unter Rinden ablegen, reicht es, wenn der so entstandene Landteil mit *Sphagnum*-Moos ausgelegt wird .Ein derart knapp bemessener und übersichtlicher Landteil hat den Vorteil, dass sich das abgesetzte Ei sehr leicht auffinden lässt. Einige Wurzeln und eine oder mehrere leicht gewölbte Rindenstücke dienen den Tieren als Verstecke. Korkeiche und Moorkienholz setzen keinen Schimmel an und eignen sich als Einrichtungsgegenstände besonders gut. Einige aufeinandergeschichtete Steinplatten oder eine am Beckenrand fixierte Korkplatte erleichtern den Tieren den Ausstieg aus dem Wasserteil.

Eine Bepflanzung dient den Skinken weniger als Klettermöglichkeit, sondern bietet ihnen Schutz und kommt ihrer versteckten Lebensweise entgegen. Foto: B. Love

Ein Wasserteil ist für die Haltung von *Tribolonotus gracilis* unverzichtbar (Siehe S. 28 „Aufwändige Variante"). Foto: M. Evers

Als Begrünung kommen nur solche Pflanzen in Frage, die im Halbschatten bei feuchter Wärme gut gedeihen und nicht zu groß werden. Das sind z. B. kleine *Spathiphyllum*, deren weißer Blütenstand sich kontrastreich vor dem vorwiegend grünlich braunen Innenbereich abhebt. Außerdem sind zu empfehlen: *Ficus pumila*, *Scindapsus* (Gefleckte Efeutute), *Syngonium podophyllum* (Purpurtute), *Platycerium* (Geweihfarn) im frühen Wachstumsstadium und *Epipremnum* (Efeutute).

Alle Pflanzen bleiben im Topf, um sie im Bedarfsfall leicht auswechseln zu können, und werden entweder in dafür aus dem Bodenstyropor ausgeschnittene Einlassungen gesetzt, oder der Topf wird in einen zuvor an der Wand angebrachten Übertopf eingelassen, den man mit Baumrinde oder Moos kaschiert. Wird Efeutute als Bepflanzung gewählt, empfiehlt es sich, diese nicht einzutopfen, sondern mit den gereinigten Wurzeln einfach in den Wasserteil zu stellen und die Ranken an der Terrarienwand zu befestigen, woran sie dann später „hochklettern". Die Pflanze gedeiht so sehr gut und trägt mit ihrem ausgedehnten Wurzelwerk wesentlich zur Reinigung des Wassers bei.

Bauanleitung für einen Wasserfall

VIELE Terrarianer möchten sich nicht mit der notwendigen Grundausstattung begnügen, denn ein Terrarium ist für sie nicht nur nüchterne Unterbringung für die gepflegten Tiere, sondern vielmehr ein optisch ansprechender Ausschnitt aus dem entsprechenden Biotop – wenn auch oft in idealisierter Form.

So kann man beispielsweise die Rückwand und eventuell eine Seitenwand in Form eines kleinen Wasserfalls gestalten. Dazu verwendet man Montageschaum, den man so auf die Wände aufträgt, dass eine Rohstruktur mit zwei oder mehreren Mulden entsteht. Diese Mulden sollten versetzt untereinander stehen und zur Seite hin ganz leicht abfallen, sodass später das Wasser von einer Mulde in die andere fließen kann. Die untere Mulde überragt die mit der Rück- und Seitenwand abschließenden Ränder des Plastikbehälters nach innen hin, sodass sich das Wasser zuletzt in diesen kleinen „Teich" bzw. „Bachlauf" (siehe unten) ergießt und von hier aus wieder nach oben gepumpt werden kann.

Nachdem dieser Grundaufbau aus Bauschaum ausgehärtet ist, wird er mit einem scharfen Messer in die gewünschte Feinstruktur gebracht. Schließlich trägt man auf die Oberfläche ein Gemisch aus Sand, Zement und Wasser im Volumenverhältnis von 1,5 : 1 : 1 auf und streicht es nach ca. dreiminütigem „Anziehen" der Mischung mit den Händen (Gummihandschuhe!) glatt. Bei einem Becken meiner Größe lässt sich mit Zement sehr gut arbeiten, und man erspart sich andere, recht teure Werkstoffe wie z. B. Epoxydharz.

Auch jetzt können am Aufbau noch leichte Korrekturen vorgenommen werden. Bevor der Überzug völlig trocken ist, wird er mit ungiftigem Töner für Dispersionsfarben in der gewünschten Farbe gestrichen. Am natürlichsten wirken grüne und braune Farbtöne.

Der obere Wasserfall und der künstliche Bachlauf werden über eine Außenfilterpumpe betrieben. Der Einsatz einer solchen Pumpe ist außerdem sinnvoll, weil sie die Reinigungsintervalle für das Wasserbecken erheblich verlängert. Nach meinen

Ausschnitt des Terrariums mit „Bachlauf" und Wasserfall Foto: M. Evers

Erfahrungen stellt *T. gracilis* keine übermäßigen hohen Ansprüche an die Wasserqualität, sodass bei Einsatz einer Pumpe nur ca. alle 3–4 Wochen ein Drittel des Wassers ausgetauscht werden muss, ohne Pumpe allerdings mindestens ein Mal pro Woche. Auf jeden Fall sollte man in regelmäßigen Abständen eine „Riechprobe" machen, um die Wasserqualität zu testen, denn die Tiere setzen mit Vorliebe ihren Kot im Wasser ab.

Als Zulauf für den Wasserfall eignen sich Aquarienschläuche, im oberen Ausströmbereich dünne Luftschläuche, die man zuvor an der Rückwand anbringt und dann mit dem Montageschaum kaschiert. Fast ebenso unauffällig ist aber auch die offene Verlegung, bei der der dünne Schlauch oben im Deckelbereich angebracht wird. Bei zwei Wasserfällen muss natürlich die Zuleitung gegabelt werden. Der Vorteil einer offenen Verlegung liegt darin, dass man die Stärke für den Zulauf mit einer Klemme regeln kann.

Um nun den Plastikbehälter zu einem kleinen „Bachlauf" werden zu lassen, legt man einige

Steinplatten stufenförmig so hinein, dass sie mit dem Uferrand abschließen. Nun gabelt man den Hauptzulauf, bestehend aus einem Schlauch (13 oder 16 mm), mit einem T-Stück und verbindet ein Ende mit dem Schlauch, der für den Wasserfall vorgesehen ist. Durch mehrere sich verjüngende Schlauchstücke lässt sich der Schlauch einfach auf die gewünschte Größe für den Ausfluss bringen. Die zweite Gabelung des Zulaufs wird auf die obere Steinplatte gelegt und mit einer weiteren Platte abgedeckt und fixiert. Das Wasser strömt also zum einen aus der Pumpe nach oben zum Wasserfall und ergießt sich von hier in Kaskaden in den Wasserbehälter, zum anderen durch den zweiten Schlauch über die Steinplatten im Wasserteil.

Im Wasserbereich können nun noch kleine Inseln aus Moorkienholz angelegt werden. In meinem Terrarium beträgt der Wasserstand an der tiefsten Stelle 15 cm, aber die Tiere können jederzeit mühelos die nächste Insel oder Steinplatte erreichen.

Das Wasser wird mit einem Heizstab konstant auf etwa 24 °C gehalten. Der Stab muss mit einem Stein oder einer Tonröhre abgedeckt sein, damit sich die Echsen nicht daran verbrennen können. Gleichzeitig erwärmt sich durch die Abstrahlwärme sowie die Lampen (siehe unten) auch die Umgebungstemperatur auf etwa 25 °C. Nachts, wenn die Lampen

Eine externe Filterpumpe betreibt den künstlichen Bachlauf und den Wasserfall.
Foto: M. Evers

Wasserfall mit außen verlegten Schläuchen Foto: M. Evers

ausgeschaltet sind, wird es dann etwas kühler. Diese Werte reichen vollkommen aus, alle höheren Temperaturen tragen nicht zum Wohlbefinden der Tiere bei.

Durch Wasserfälle, eine passende Bepflanzung etc. wirkt das Terrarium optisch sehr ansprechend. Darüber hinaus ergeben sich weitere Vorteile. Die nötige Luftfeuchte muss nicht mehr durch Sprühen erzeugt werden, und die Tiere zeigen tagsüber mehr Aktivität: Sie sind oft in den Mulden zu sehen, und der „Bachlauf" trägt dazu bei, dass sie insgesamt weniger Scheu an den Tag legen.

Bei all der Freude an einer naturnahen Einrichtung kann es leicht auch passieren, dass das Terrarium in guter Absicht zu reichhaltig dekoriert wird. Eine Vielzahl von verschiedenen Pflanzen, Wurzeln sowie Felsklippen und Spalten sieht zwar zugegebenermaßen sehr naturgetreu aus, hat jedoch besonders bei größeren Becken den Nachteil, dass die ohnehin schon scheuen Tiere zunehmend „verwildern". Man bekommt sie durch das große Angebot an Verstecken dann kaum noch zu Gesicht. Deshalb sollte man den Tieren auf dem Landteil insgesamt nicht mehr als zwei Verstecke anbieten, die jederzeit zur Kontrolle zugänglich sein sollten. Das ist nötig, um über sich über ihren Gesundheitszustand zu informieren; außerdem verlieren die Echsen dadurch allmählich ihre Scheu – wenn sie auch nie ganz zahm werden.

Beleuchtung

ZUR Ausleuchtung des Beckens reichen eine Neonröhre (18 W, Kaltton) sowie ein UV-Röhre (20 W, Stärke 5.0). Sie liegen im Fall meines Terrariums beide auf der Plexiglasscheibe und werden zur besseren Lichtausbeute mit einer Alufolie oder einem im Handel erhältlichen Reflektor ausgestattet. Die UV-Röhre brennt bei mir elf Stunden, die Kalttonröhre neun Stunden am Tag.

Die Diskussion darüber, ob man für Terrarientiere UV-Licht benötigt, ist sehr alt. Mancher Züchter schwört auf entsprechende Leuchtmittel, andere sind der Meinung, man könne die Wirkung des UV-Lichts, das insbesondere für die Bildung von Vitamin D_3 von Bedeutung ist, durch Vitaminbeigaben vollständig ersetzen. Vergleichende längerfristige Studien sind rar und nicht auf alle Reptilien übertragbar. So ist man auf die Erfahrungen anderer Halter angewiesen. Diese lassen bei vielen Arten den Schluss zu, dass eine Bestrahlung mit geeigneten Anteilen des UV-Spektrums angebracht ist. Ein sinnvoller Einsatz scheint sich nicht nur positiv auf die Lebhaftigkeit der Tiere, sondern längerfristig auch entsprechend auf ihre Gesundheit auszuwirken, besonders bei Jungtieren, deren Skelett sich noch im Aufbau befindet.

So ist es denn nur konsequent, solchen Echsen UV-Licht anzubieten, die in ihrem natürlichen Biotop verstärkt auf Sonneneinstrahlung angewiesen sind. Das gilt mit Sicherheit für Wüstenbewohner und Bewohner des oberen Bereichs der tropischen Regenwälder. Bei Echsen der lichtarmen Regionen des Waldes, zumal dämmerungsaktiven, liegt die Vermutung nahe, dass der Einsatz von UV-Licht überflüssig sei, da sie auch in ihrem natürlichen Lebensraum so gut wie keiner UV-Strahlung ausgesetzt sind. Bei *T. gracilis* ist außerdem die Haut stark verhornt, was einen effektiven Einfluss der Strahlung kaum annehmen lässt.

Trotzdem setze ich bei *T. gracilis* UV-

UV-Lampe Foto: M. Evers

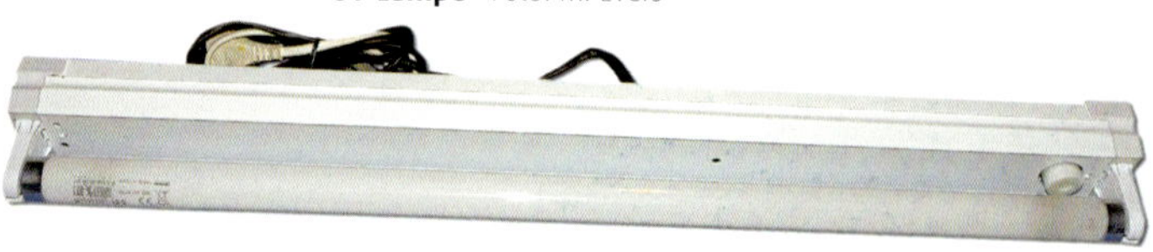

Lampen ein, denn UV-Mangel kann erwiesenermaßen zu Störungen des Bewegungsablaufs, Knochenerkrankungen, Lethargie und krebsartigen Hautgeschwüren führen. Mit dem vorsorglichen Einsatz einer UV-Lampe erhoffe ich mir, solche negativen Auswirkungen von vornherein zu vermeiden. Bereut habe ich diese Maßnahme jedenfalls nicht: Sowohl bei den Elterntieren als auch bei den Nachzuchten sind bisher keine Krankheiten aufgetreten, wobei natürlich nicht auszuschließen ist, dass dem auch ohne UV-Bestrahlung so wäre. Hier besteht also noch viel Raum für das Sammeln von Erfahrungen.

Nicht alle im Terrarienhandel angebotenen UV-Leuchtmittel kommen jedoch für *T. gracilis* in Betracht. Einige sind zu hell und entwickeln zu viel Hitze. Ich verwende Röhren in den Stärken 2.0 bei den niedrigen Aufzuchtbecken (siehe unten) und 5.0 bei den höheren Becken der adulten Tiere. Voraussetzung für das Anbringen über dem Terrarium ist natürlich die Verwendung einer Plexiglasabdeckung, die die UV-Strahlung nicht wie Glas filtert. Handelt es sich dagegen um ein Glasterrarium, muss das UV-Leuchtmittel von den Tieren unerreichbar unter der Deckscheibe angebracht werden.

Völlig unnötig ist es, einen Wärmespot im Becken anzubringen, in der Erwartung, die Tiere beim Sonnenbad beobachten zu können. Stattdessen werden sich die Echsen tagsüber noch seltener außerhalb ihrer Verstecke zeigen, denn sie mögen weder das grelle Licht noch die erhöhten Temperaturen.

WUSSTEN SIE SCHON?

UV-Licht lässt sich in drei Spektralbereiche unterteilen:

1. Die langwellige UV-A-Strahlung begünstigt Regenerationsvorgänge in der Haut, die Häutung von Reptilien läuft regelmäßiger und problemärmer ab.
2. Die mittelwellige UV-B-Strahlung spielt eine wichtige Rolle bei der Bildung von Vitamin D_3, das die Aufnahme von Kalzium aus dem Darm verbessert und somit für den Skelettaufbau von Bedeutung ist.
3. UV-C-Strahlung ist kurzwellig, energiereich und eignet sich nicht zur Bestrahlung von Reptilien; sie kann sogar gesundheitliche Schäden zur Folge haben.

Die im Terrarienhandel angebotenen UV-Strahler und -Röhren bieten einen ausgewogenen Anteil an UV-A und UV-B. Das schädliche UV-C geben sie nicht ab.

Feuchtigkeit und Durchlüftung

WENN man die Einrichtung eines Terrariums ohne Wasserfall nicht täglich mindestens ein Mal ausgiebig besprühen will, lohnt es auf jeden Fall, eine Sprühanlage zu installieren. Ich persönlich habe sehr gute Erfahrungen mit dem System der Firma E. N. T. gemacht – ohne die im Fachhandel angebotenen Systeme anderer Hersteller abqualifizieren zu wollen. Bereits an eine kleine Pumpe lassen sich bis zu zehn Düsen anschließen, und somit kann man in mehreren Becken die notwendige Luftfeuchte herstellen. Bei zu hartem Wasser verkalken die Düsen allerdings recht schnell und müssen dann häufig gereinigt werden. Um das zu vermeiden, kann man das Wasser entkalken oder Regenwasser verwenden. Für die oben beschriebenen Beckengrößen reicht eine Düse völlig aus. Gesprüht wird morgens und abends jeweils zwei Minuten lang.

Außerdem lohnt es sich, einen schwachen Ventilator, z. B. aus dem Computerbereich, im mittleren Bereich einer Seite des Terrariums anzubringen und schräg auf die Frontscheibe zu richten. Dadurch kann sich die

Regelmäßige Pflegearbeiten

HAT man keine Sprühanlage eingebaut und sorgt kein Wasserfall für die nötige Feuchtigkeit, sollte die gesamte Einrichtung morgens und abends kräftig übersprüht werden. In regelmäßigen Intervallen muss das Wasser aus großen Behältern zu mindestens einem Drittel erneuert werden, kleinere Wasserschalen nimmt man einfach heraus, reinigt sie und stellt sie frisch aufgefüllt wieder ins Terrarium. Bei einem mit Außenfilter ausgestatteten großen Wasserbecken fällt diese Arbeit etwa alle drei Wochen, ohne Filter wöchentlich an. Dabei werden die Fäulnisstoffe auf dem Boden gründlich mit einem Schlauch abgesaugt und auch eventuelle Häutungsreste aus dem Wasser entfernt.

warme Luft im Terrarium nicht unter der Abdeckung stauen, und weil die Luft nicht steht, wird sich nicht so schnell Schimmel im Becken bilden. Auf jeden Fall sollte man aber vermeiden, die in der Regel kühlere Außenluft über den Ventilator in das Becken strömen zu lassen, da sich die Echsen sehr leicht erkälten können. Um eine noch bessere Durchlüftung zu erzielen, habe ich in meinem Becken an der Frontscheibe gegenüber dem Ventilator noch einen 2 cm breiten Gitterstreifen angebracht, aus dem die Luft ausströmen kann.

Es versteht sich von selbst, dass der Ventilator vorn und hinten mit einem handelsüblichen Schutzgitter versehen wird, damit sich die Tiere daran nicht verletzen können – das sollte unbedingt auch dann geschehen, wenn der Ventilator für die Echsen scheinbar unerreichbar angebracht ist.

Verneblerdüse
Foto: M. Evers

Weibchen
Foto: M. Evers

Sämtliche Futterreste müssen unverzüglich aus dem Terrarium genommen werden, da sie in dem feuchtwarmen Klima sehr schnell schimmeln. Auch abgestorbene Pflanzen und verschimmelte Einrichtungsgegenstände werden ausgetauscht. Je nach Verschmutzungs- bzw. Verkalkungsgrad werden Abdeckung und Frontscheiben regelmäßig mit etwas verdünntem Essigkonzentrat gereinigt und anschließend unter klarem Wasser gespült. Die Düsen werden auf Verkalkung kontrolliert und gegebenenfalls gereinigt. Insgesamt ist für reine Pflegearbeiten (ohne Füttern) etwa eine Stunde pro Woche zu veranschlagen. Das ist nicht viel, und man sollte auf keinen Fall weniger Zeit einplanen. Im Rahmen dieser Tätigkeiten werden die Echsen auch herausgenommen und sorgfältig auf ihren Gesundheitszustand überprüft (siehe Kapitel „Krankheiten").

Bisweilen wird man während dieser Arbeiten durch eine freudige Entdeckung belohnt: Man

Besatz und Vergesellschaftung

ERWACHSENE

T. gracilis sollten höchstens paarweise gepflegt werden. Männchen sind untereinander unverträglich, und auch Weibchen tendieren dazu, sich gegenseitig zu unterdrücken. Die Tiere können sich Bissverletzungen zufügen, und das unterlegene Exemplar stellt oft die Futteraufnahme ein, sodass es schließlich sogar verhungert. Man sollte dieses Risiko auf keinen Fall eingehen und durch einen zu hohen Besatz seinen Tierbestand und den Nachzuchterfolg aufs Spiel setzen. Als Pärchen gepflegte Orangeaugen-Helmskinke sind durchweg harmonisch.

Bei vielen Terrarianern regt sich bisweilen der Wunsch, die Tiere mit anderen Arten zu vergesellschaften. So wurde *T. gracilis* schon zusammen mit großen Taggeckos (*Phelsuma madagascariensis*) gehalten. Allerdings ist zu bedenken, dass andere Arten unter Umständen völlig abweichende Bedürfnisse an Licht und Wärme stellen. Auch

findet im Moos, im Laub oder unter einer Rinde ein länglich ovales, weißes Ei, das vom Weibchen unbemerkt abgelegt wurde.
Ist eine automatische Sprühanlage installiert, und werden die Beleuchtungskörper und die Wasserheizung automatisch gesteuert, so ist eine zehntägige Abwesenheit des Pflegers bei erwachsenen Helmskinken kein Problem. Gut genährte Tiere kommen ohne weiteres so lange mit einem reduzierten Nahrungsangebot aus. Man stellt einfach in dem oben beschriebenen Glasbehälter etwa fünf Mehlwürmer pro Tier als Futter zur Verfügung. Es muss allerdings gewährleistet sein, dass der Behälter an einem trockenen Ort im Terrarium platziert ist. So kann sich kein Wasser in dem Behälter sammeln, in dem die Futtertiere ertrinken würden. Sie verwesen in dem feuchtwarmen Klima sehr schnell und stellen dann ein Gesundheitsrisiko für die Echsen dar. Ob das Ganze funktioniert, sollte man nicht erst bei der Abreise, sondern schon eine Woche vorher ausprobieren.

von einer Vergesellschaftung mit anderen nachtaktiven Arten ist abzuraten, da die Tiere sich nachts nur gegenseitig stören würden. Am besten ist es wohl, wenn man die Skinke in einem reinen Artbecken pflegt.

Tribolonotus gracilis **ist halb aquatil, also sehr stark ans Wasser gebunden.**
Foto: W. Dahm

Ernährung

TRIBO*lonotus gracilis* ist carnivor, das heißt, die Echsen ernähren sich ausschließlich von tierischer Kost. Wie bei der Pflege aller Terrarientiere sollte man sich selbstverständlich um ein ausgewogenes Futterangebot bemühen. Es bieten sich mittelgroße bis große Heimchen, mittelgroße Grillen und Schaben, Mehlwürmer, kleinere Larven des Großen Schwarzkäfers (*Zophobas atratus*) und Spinnen an. Auch Regenwürmer werden sehr gerne genommen, sind vom Frühjahr bis zum Herbst in der Natur verfügbar und stellen dann ein nährstoffreiches und kostenloses Futter dar.

Den von kommerziellen Anbietern weitgehend „steril" und schnell hochgezüchteten Futtertieren fehlen meines Erachtens grundsätzlich wichtige Inhaltsstoffe. Es ist deshalb nicht ratsam, das erworbene Futter sofort anzubieten – schon gar nicht, wenn es schon mehrere Tage in den Regalen der Zoohandlungen gestanden hat. Stattdessen sollte man die Futtertiere 2–3 Tage lang mit gehaltvollen Futtermitteln anfüttern. Heimchen, Grillen und Schaben erhalten ein Gemisch aus Hundefutter und Pellets für Nager, das fein gemahlen und anschließend mit trockenen Weizenkeimen gemischt wird. Dazu gibt man geraspelte Möhren, fein geschnittene Apfelstücke und Löwenzahn.

Die Erfahrung hat gezeigt, dass die hier beschriebene Aufwertung der Futtertiere allerdings noch nicht ausreicht, um die Echsen ausgewogen zu ernähren. Damit die Futtertiere nämlich dem Gehalt der im Freiland

Eine Auswahl an Futtertieren für Helmskinke (von links): Schabe, Grille, Heimchen, *Zophobas* und Mehlwurm Foto: M. Evers

lebenden Beutetiere entsprechen, ist es notwendig, sie zusätzlich mit Mineralstoffen und Vitaminbeigaben anzureichern. Neben den im Terrarienfachhandel angebotenen Vitamin-Mineralstoffgemischen haben sich hierbei folgende Präparate bewährt: Korvimin ZVT + Reptil (beim Tierarzt erhältlich), das sehr preiswerte Präparat CALCAmineral der Firma Calcanit + Pego GmbH, Münster (dort bestellen), sowie Herpetal Complete Terrarium und Herpetal Mineral (im Fachhandel erhältlich), welche man im Verhältnis 2 : 1 zugunsten von Herpetal Complete mischt. Diese Präparate enthalten alle notwendigen Vitamine und Mineralstoffe und weisen zudem nur einen geringen Anteil des fettlöslichen – und bei Überdosierung die Leber schädigenden – Vitamins A auf.

Die Futtertiere werden unmittelbar vor dem Verfüttern in einen großen Jogurtbecher gegeben, mit etwas Vitamin-Mineralstoff-Präparat eingestäubt und leicht gedreht oder sachte geschüttelt, sodass sich das Pulver gut verteilt. Lediglich Regenwürmer werden nicht eingestäubt, denn sie gehen an dem Präparat sehr schnell zugrunde.

Dosierungsrichtlinien für Vitamine und Mineralstoffe sind bisher nur in geringem Umfang definiert. Es besteht theoretisch die Gefahr der Überdosierung, wobei die fettlöslichen Vitamine (A, D, E und K) langfristig Organschädigungen auslösen können. Meine Erfahrung hat gezeigt, dass eine zurückhaltende Dosierung der Vitamine angebracht ist. Für die Praxis heißt das, dass man durchaus einmal pro Woche das Präparat ganz weglassen sollte.

Tribolonotus gracilis begnügt sich mit relativ wenig Futter.

Die Futtertiere müssen mit Vitaminen und Mineralstoffen aufgewertet werden.
Foto: M. Evers

Ich füttere meine Tiere alle 2–3 Tage abends und achte darauf, dass der Futterbehälter am nächsten Tag leer ist. Sind Futtertiere übrig, biete ich sie nicht am selben Tag nochmals an, sondern reiche erst einen Tag später Nahrung, wenn die Echsen wieder hungrig sind.

Es ist nicht sinnvoll, die Heimchen, Grillen oder *Zophobas* einfach aus dem Becher ins Terrarium zu schütten. Sie würden sich sofort, für die Skinke kaum noch erreichbar, verkriechen oder gar im Wasserteil ertrinken. Stattdessen gibt man diese Futterinsekten besser in den bereits im Kapitel „Transport und Quarantäne" beschriebenen Glasbehälter, welchen man so in eine Aussparung im Styroporboden stellt, dass nur noch ein kleiner Rand herausragt. Das Gefäß sollte so platziert sein, dass es nicht im Bereich der Sprühdüse steht: Es würde sich sonst sehr schnell mit Wasser füllen, und die Futtertiere würden darin ertrinken. Die Verfütterung von Regenwürmern ist etwas problematischer, denn einzelne Tiere schaffen es immer wieder, an den Wänden des Futterbehälters hochzukriechen und so zu entweichen. Entweder man versucht nun, die Würmer mit dem Futterstab zu verfüttern – was bei eingewöhnten Echsen

Lebenserwartung

DIE in der spärlichen Literatur verfügbaren Daten hinsichtlich des Lebensalters von *T. gracilis* schwanken zwischen fünf und 15 Jahren – und sind somit wenig aussagekräftig. Auch die hier folgenden Angaben sind weitgehend spekulativ, da sie auf meinen eigenen Erfahrungen beruhen.

Nachzuchten von *T. gracilis* wachsen auch bei guter Ernährung recht langsam. Nach dem Schlupf haben meine Tiere durchschnittlich eine Gesamtlänge von 8,5 cm, bei einem Gewicht von ca. 3 g. Nach neun Monaten beträgt das Gewicht im Durchschnitt 9 g, bei einer Länge der Jungen von 13 cm. Es ist also zu erwarten, dass die Echsen etwa im Alter von zwei Jahren mit einer Körperlänge von 20 cm ausgewachsen sind.

meist gelingt, oder man schneidet sie je nach Größe in zwei bis drei Teile und gibt sie dann in den Behälter.

Es ist wirklich verblüffend, wie schnell die Echsen das Futter in den Behältern auffinden. Die beschriebene Methode bietet zudem den Vorteil, dass man immer eine genaue Kontrolle darüber hat, ob die Tiere gut ans Futter gehen.

Will man die Helmskinke von Hand füttern, braucht man viel Geduld – und hat selbst dann nicht immer Erfolg. Weniger scheue Tiere nehmen das Futter allerdings gelegentlich von der Futterpinzette oder einem Futterstab.

DER PRAXISTIPP

Bietet man das Futter in einem Behälter an, so passiert es immer wieder, dass Futtertiere daraus entweichen. Insbesondere Heimchen können an glatten Oberflächen gut klettern. Wenn man nun den oberen Innenrand mit etwas Salatöl bestreicht oder von vornherein Glasbehälter verwendet, die sich am besten noch oben leicht nach innen wölben, wird ein Entkommen unmöglich gemacht.

In regelmäßigen Abständen sollten die Tiere auf ihr Gewicht kontrolliert werden: In seltenen Fällen kann nämlich eine der beiden Echsen futterdominant werden, und die andere kommt dann immer zu kurz.

Das von mir erworbene Pärchen besaß beim Kauf mit 20 cm bereits die volle Größe, denn die Skinke nahmen im Verlauf von drei Jahren an Gewicht und Länge nicht mehr zu. Die Tiere befinden sich noch bei bester Gesundheit, paaren sich regelmäßig, und das Weibchen setzt in regelmäßigen Abständen ein befruchtetes Ei ab. Sie zeigen keinerlei Anzeichen von Altersschwäche, sind weiterhin lebhaft, gehen gut ans Futter, und auch farbliche Veränderungen (z. B. Ausbleichungen) sind bisher nicht aufgetreten. Zieht man all diese Faktoren in Betracht, so scheint mir eine Lebenserwartung von mindestens zehn Jahren durchaus im Bereich des Möglichen zu liegen.

Gesundheit

BEI Haltung unter optimalen Bedingungen ist *T. gracilis* ein sehr robuster und dankbarer Pflegling. Weder bei meinen adulten Tieren noch bei meinen Nachzuchten konnte ich je Krankheitssymptome wie Häutungsschwierigkeiten, Mykosen (Pilzbefall), Abszesse oder Futterverweigerung (aus den unterschiedlichsten Gründen) beobachten.

Trotzdem kommt es immer wieder vor, dass Tiere krankhafte Veränderungen zeigen, die in der Regel auf Unachtsamkeiten oder Haltungsfehler zurückzuführen sind. In solchen Fällen gilt es natürlich vorrangig, das betroffene Tier zu behandeln und die Ursachen umgehend abzustellen.

Bei **leichten Verletzungen** der Haut durch Beißen, Kratzen oder Abschürfungen reicht oft eine kurzfristige Behandlung mit Betaisodona-Jodtinktur, die man täglich auf die Verletzung aufträufelt. Das betroffene Tier muss dann bis zum Abheilen der Wunde in einem gesonderten Becken auf nur leicht feuchtem Küchenpapier mit einer einfachen Versteckmöglichkeit untergebracht werden.

Auch **Häutungsschwierigkeiten** können oft problemlos vom Halter behandelt werden. Dazu setzt man das Tier in eine flache Schüssel mit ca. 30 °C warmem Wasser und lässt die betroffenen Hautstellen vollständig aufweichen. Anschließend zieht man die überflüssigen Hautreste mit einer Pinzette vorsichtig ab. Regelmäßig auftretende Häutungsschwierigkeiten deuten auf Haltungsfehler (zu trocken) oder unzureichende Vitaminversorgung hin. Leider gehen Häutungsschwierigkeiten nicht selten mit Pilzbefall einher, der sicher nur durch ein veterinärmedizinisches Labor eindeutig diagnostiziert werden kann.

Bevor man anfängt, auf eigene Faust an dem Tier

herumzudoktern, ist es immer sinnvoller, einen reptilienkundigen Tierarzt aufzusuchen, der die notwendigen Maßnahmen ergreift.

Auch bei den folgenden Symptomen sollte unbedingt ein Tierarzt aufgesucht werden, um eine für die Echse sinnvolle Therapie sicherzustellen:

- Tränen und Schwellung der Augen
- Starke Schleimabsonderung aus dem Maul, Ausfluss aus der Nase, käsige Beläge entlang den Zahnleisten
- Nahrungsverweigerung bei deutlichen Abmagerungssymptomen an den Oberschenkeln und an der Schwanzwurzel
- Verdickungen an der Wirbelsäule, an den Gelenken und im Kieferbereich
- Knochenbrüche und größere offene Verletzungen
- Schaum vor den Nasenlöchern, ruckartiges Öffnen des Mauls sowie Röcheln bei geöffnetem Maul
- Knotenartige Verdickungen an der Haut (Abszesse)
- Körper- und Gliederzittern, begleitet von unkoordinierten Bewegungen
- Erbrechen
- Breiiger, dünner oder blutiger Kot mit durchdringendem Geruch
- Gerötete Kloake
- Ausgestülpte Kloake
- Winzige weiße „Pünktchen" auf der Haut (Milben)
- Schorfige Hautveränderungen (Hinweis auf Hautpilze)
- Würmer im Kot

Weibchen Foto: M. Evers

Porträt des Orangeaugen-Helmskinkes Foto: J. Vogeltanz

Paarungsverhalten, Trächtigkeit und Eiablage

WIE bereits angemerkt, ist *T. gracilis* eine recht scheue Echse. Deshalb ist es auch nicht verwunderlich, dass es in der Literatur keine Angaben über das Werbungs- und Paarungsverhalten dieser Skinkart gibt. Auch mir ist es trotz hartnäckigen Bemühens leider bisher nicht gelungen, die Echsen bei der Paarung zu beobachten. Somit lässt sich auch keine präzise Aussage über die Dauer der Trächtigkeit des Weibchens machen. Da im natürlichen Biotop von *T. gracilis* keine saisonal bedingten Temperaturunterschiede auftreten, sind die Tiere bei ihrer Fortpflanzung jahreszeitlich nicht gebunden. Mein Weibchen legt seine Eier in Abständen von 60–90 Tagen ab – was auf eine Trächtigkeit von unter 60 Tagen schließen lässt.

Bei den Weibchen ist der linke Eierstock verkümmert, und es wird immer nur ein Ei abgelegt. Eine äußerliche Veränderung, die darauf hindeutet, dass sich im Körper des Weibchens ein Ei heranbildet, ist nur mit geübtem Auge feststellbar. Im fortgeschrittenen Entwicklungsstadium allerdings zeichnet sich das Ei fast unmerklich an der rechten unteren Flankenseite ab. Da die Weibchen von *T. gracilis* ihre Eier nur lose im Moos oder unter Rinde verstecken, entfällt auch die Grabetätigkeit – bei vielen oviparen (eierlegenden) Reptilien ein sicherer Indikator dafür, dass eine Eiablage bevor-

DER PRAXISTIPP

Bemerkt man, dass das Weibchen sich tagsüber oft an der Frontscheibe zeigt, eine geringere Scheu als sonst an den Tag legt, ja sogar nach Öffnen der Scheibe nicht fluchtartig ein Versteck aufsucht, sondern sich bereitwillig füttern lässt, kann man davon ausgehen, dass eine Eiablage unmittelbar bevorsteht. Man kann das Weibchen auch einmal vorsichtig herausnehmen, um sich den Unterleib genauer anzusehen. Oft zeigt sich das Ei dort in Form einer schwachen Auswölbung an der rechten unteren Seite. Mein Weibchen fühlte sich durch eine solche (sehr selten durchgeführte) Maßnahme offensichtlich nicht sehr gestresst.
Nach der vermuteten Eiablage sollte man mindestens einen Tag warten, bevor man nach dem Ei sucht. Sollte das Weibchen doch erst später ablegen, vermeidet man so unnötigen Stress. Stress kann Legenot (Unfähigkeit des Weibchens, reife Eier abzusetzen) herbeiführen, und ohne gezielte medizinische Behandlung verläuft diese tödlich.

steht. So bleibt es letztendlich dem Gespür des Halters überlassen, wann er mit der Suche nach einem eventuell abgelegten Ei beginnen soll.

Das von mir gepflegte Weibchen wird vor der Ablage sichtbar unruhig und zeigt sich viel öfter als sonst auch tagsüber. Trotzdem konnte ich nie eine Eiablage beobachten. Es schadet dem Ei aber nicht, wenn es nicht rechtzeitig entdeckt wird und mehrere Tage im Terrarium versteckt liegt, ohne gleich in den Brutapparat (Inkubator) überführt zu werden.

Eine Inkubation im Terrarium ist zwar im Prinzip möglich, aber nicht ratsam, da ein frischgeschlüpftes Jungtiere im tiefen Wasser ertrinken oder eine leichte Beute der adulten Tiere werden könnte.

Pärchen Foto: M. Evers

Inkubation und Schlupf

DAS Ei ist bei der Ablage weiß, länglich oval und wiegt ca. 3 g, bei einer Länge von 3,2 – 3,5 cm. Es wird vorsichtig in der Position, in der es aufgefunden wurde, ohne Drehungen in das Inkubationssubstrat gelegt.

Ei, eine Woche vor dem Schlupf Foto: M. Evers

Ein kleiner Orangeaugen-Helmskink schlüpft aus dem Ei. Foto: W. Dahm

Ich bebrüte die Eier in kleinen, fest verschließbaren Plastikdosen in sehr feuchtem, ca. 5 cm hohem Substrat, das aus einer Mischung aus zwei Dritteln Seramis und einem Drittel Vermiculit besteht. Durch den Deckel des Plastikbehälters wird der Fühler für den Thermostat geführt und ins Substrat gesteckt. Bei einer Temperatur von 26 °C tagsüber und 24 °C nachts beträgt die Zeitigung 70–75 Tage. Etwas niedrigere Temperaturen sind möglich, verlängern allerdings die Zeit bis zum Schlupf. Von höheren Temperaturen rate ich ab, zumal sie ja auch im natürlichen Lebensraum nicht vorherrschen.

Ein Mal wöchentlich wird der sonst fest verschlossene und luftdichte Plastikbehälter zur Kontrolle vorsichtig geöffnet. Sollte die Substratfeuchtigkeit abgenommen haben, wird etwas angewärmtes Wasser zugegeben – dabei schadet dem Ei ein direkter Kontakt mit dem Wasser nicht.

Im Verlauf der Zeitigung nimmt das Ei durch Wasseraufnahme deutlich an Masse zu; es wird zusehends runder, auch verfärbt es sich schmutzig grau und weist in Längsrichtung deutlich sichtbare Riefen auf. Beim Schlupf ritzt das Jungtier die elastische und verhältnismäßig dicke Schale mit dem Eizahn auf und zwängt sich nach und nach durch die Öffnung – ein Vorgang, der mehrere Stunden benötigen kann.

Geschafft! Der kleine Orangeaugen-Helmskink hat das Ei vollständig verlassen. Foto: M. Evers

Aufzucht der Jungtiere

ALS Aufzuchtbecken eignen sich Kleinterrarien (z. B. 40 x 30 x 20 cm). Um Entzündungen des anfänglich noch offenen Nabelbereichs zu vermeiden, wähle ich als Untergrund drei Lagen Küchenpapier. Die Einrichtung ist spartanisch: Sie beschränkt sich auf eine flache Wasserschale mit ca. 1,5 cm Wasserstand, in deren Mitte ein flacher Stein als Insel gelegt wird. Vor die Wasserschale lege ich eine leicht gewölbte Rinde, welche gleichzeitig als Einstiegshilfe und als Versteckmöglichkeit dient. Die klimatischen Verhältnisse im Aufzuchtbecken entsprechen denen im Becken der adulten Echsen: tagsüber ca. 25 °C und nachts 23-24 °C. Auf das Lochblech im Deckel (nicht auf das Glas!) wird eine UV-Röhre von 20 W der Stärke 2.0 gelegt und zur besseren Licht- und Wärmeausbeute mit Alufolie bedeckt oder mit einem handels-

Jungtier, eine Woche alt, neben 1-Cent-Stück Foto: M. Evers

üblichen Reflektor ausgestattet. Man kann auch das Lochblech der oberen Abdeckung einfach entfernen und erhält dann mehr Licht und UV-Strahlung im Terrarium. Werden die erforderlichen Temperaturen nicht erreicht, schiebt man unter den Behälter eine Heizmatte von geringer Wattzahl.

Das Innere des Terrariums wird ein Mal täglich kräftig übersprüht, sodass der Bodengrund stark feucht, aber nicht nass ist. Die Wasserschale wird alle zwei Tage gereinigt und mit frischem Wasser aufgefüllt, die Rinden reinigt man bei Bedarf oder tauscht sie ganz aus – Schimmelbildung ist schädlich und unbedingt zu vermeiden.

Jungtieren fehlt noch der typische orange Fleck um die Augen. Foto: M. Evers

Drei Jungtiere im Größenvergleich: zwei, fünf und acht Monate alt
Foto: M. Evers

Viele Bereiche des Kopfes sowie der „Helm" der Jungtiere sind anfangs noch nicht dunkel pigmentiert. Foto: M. Evers

Die Jungtiere sind wahre Miniaturdrachen und üben einen ganz besonderen Reiz auf den Betrachter aus. Foto: M. Evers

Die Jungtiere sind bei Geburt 8–9 cm lang und wiegen 2–3 g. Sie unterschieden sich von den adulten Tieren in mehrerlei Hinsicht. Der gesamte Kopf einschließlich „Helm" scheint völlig ohne Pigmentierung zu sein. Er hat die Färbung eines gebleichten Knochens, und zusammen mit den tiefschwarzen Augen verleiht er den kleinen Tieren etwas Gespenstisches. Es fehlt noch die bei den ausgewachsenen Tieren vorhandene rotorange Umrandung der Augen. Auch besitzen die Körperunterseite und die Kehlregion noch nicht ihre spätere Färbung, und längs über den Rücken verläuft ein weißgrauer Streifen.

Das Aufzuchtbecken sollte zur besseren Kontrolle einfach ausgestattet sein. Foto: M. Evers

Das Verhalten der Jungen gleicht jedoch dem der Elterntiere. Wenn sie den Pfleger sehen, drücken sie den Kopf seitlich flach auf den Boden und stellen sich tot (Thanatose). Wenn man sie auf die Hand nimmt, heben sie den Kopf an, reißen drohend das Maul auf und geben Quaklaute von sich.

Gefüttert werden die Nachzuchten drei Mal pro Woche mit kleinen Grillen, Buffalowürmern, frisch gehäuteten kleinen Mehlwürmern und kleinen Regenwürmern. Auch bei guter Fütterung wachsen die kleinen Echsen nicht übermäßig schnell.

Jungtier droht mit geöffnetem Maul
Foto: M. Evers

Im Verlauf einiger Monate verändert sich ihr Äußeres: Die weißen Längsstreifen verschwinden, die Körperunterseite, insbesondere der Kehlbereich, wird gelblich, der Kopf inklusive Helm zunehmend dunkler. An den Augen ist nach etwa sieben Monaten eine gelbe Ränderung der Iris klar erkennbar, die für die adulten Tiere charakteristische Orangefärbung tritt jedoch erst später auf.

Die ersten drei Monate pflege ich die jungen Echsen grundsätzlich einzeln und bringe sie erst dann in einem größeren Becken gemeinsam unter. Es

Weitere Informationen

ZUR Vertiefung der in diesem Buch gegebenen Informationen und zum tieferen Einblick in terraristische und herpetologische Themenbereiche empfehlen sich die Mitgliedschaft in einem Verein gleich gesinnter Terrarianer sowie ein intensives Literaturstudium. Die folgenden Auflistungen sollen dabei behilflich sein, einen Einstieg in die Thematik zu finden, können aber natürlich nur einen kleinen Ausschnitt aufzeigen.

Vereine und Interessengruppen

Die Deutsche Gesellschaft für Herpetologie und Terrarienkunde (DGHT; www.dght.de; DGHT e.V., Postfach 1421, 53351 Rheinbach, Tel.: 02225-703333, E-Mail: gs@dght.de) ist mit über 8.000 Mitgliedern die weltweit größte Gesellschaft ihrer Art und bringt Wissenschaftler und Hobbyherpetologen zusammen. Mitglieder erhalten verschiedene herpetologisch/terraristische DGHT-Zeitschriften und haben Zugriff auf ein Kleinanzeigen-Internet-Portal. Innerhalb der DGHT gibt es eine AG Skinke, die sich auch mit Orangeaugen-Helmskinken beschäftigt. Kontakt über die Geschäftsstelle der DGHT (siehe oben).

empfiehlt sich nicht, frisch geschlüpfte Jungtiere sofort mit wesentlich größeren Tieren zusammen zu halten. Sie verlangen wesentlich kleineres Futter und würden schnell von den anderen Tieren unterdrückt werden. Auch sollten die herangewachsenen (subadulten) Tiere getrennt von ihren Eltern gepflegt werden. Zu groß ist das Risiko, dass sie von den adulten Echsen verletzt werden oder dass sie die Nahrungsaufnahme aufgrund latenter Dominanz der Elterntiere reduzieren oder ganz einstellen – und schließlich eingehen.

Zeitschriften

- REPTILIA, TERRARIA
Terraristik-Fachmagazine erscheinen je sechs Mal jährlich, mit Internetportal für Kleinanzeigen
Natur und Tier - Verlag GmbH
An der Kleimannbrücke 39/41
48157 Münster
Tel.: 0251-133390
E-Mail: verlag@ms-verlag.de
www.reptilia.de

- DRACO
Terraristik-Themenheft
erscheint vier Mal jährlich
Natur und Tier - Verlag, s. o.
www.reptilia.de

- Sauria
Terraristik und Herpetologie
erscheint vier Mal jährlich
Terrariengemeinschaft Berlin e.V.
Bruno Treu
Christstr. 10
14059 Berlin
E-Mail: abo@sauria.de
www.sauria.de

- DATZ
Die Aquarien- und Terrarien-Zeitschrift
erscheint monatlich
Verlag Eugen Ulmer
Wollgrasweg 41
70599 Stuttgart
www.datz.de

Tribolonotus gracilis Foto: W. Dahm

Untersuchungsstellen

Kotproben, Sektionen und andere Untersuchungen können von spezialisierten Tierärzten oder von veterinärmedizinischen Untersuchungsstellen, die es in vielen Städten gibt, vorgenommen werden. Eine Liste mit Tierärzten, die sich mit Reptilien und Amphibien beschäftigen, kann über die DGHT bezogen oder auf www.dght.de eingesehen werden. Überregional bekannt sind z. B. folgende Einrichtungen:

- Exomed;
Erich-Kurz-Str. 7, 10319 Berlin,
Tel.: 030-5112008
E-Mail: labor@exomed.de www.exomed.de

- Universität München, Institut für Zoologie, Fischereibiologie und Fischkrankheiten der tierärztlichen Fakultät Kaulbachstr. 37
80539 München
Tel.: 089-2180-2687
E-Mail: office@zoofisch.vetmed.uni-muenchen.de
www.vetmed.lmu.de/zoofisch/

- Chemisches und Veterinäruntersuchungsamt Ostwestfalen-Lippe
Westerfeldstr. 1
32758 Detmold
Tel.: 05231-9119
E-Mail: poststelle@cvua-detmold.nrw.de
www.cvua-owl.nrw.de

- Vet Med Labor GmbH
Mörikestraße 28/3
71636 Ludwigsburg
Tel.: 01802-838633
E-Mail: info@vetmedlabor.de
www.vetmedlabor.de
(für privat nur über Ihren Tierarzt)

- Laboklin;
Labor für klinische Diagnostik GmbH & Co. KG
Steubenstr. 4
97688 Bad Kissingen
Tel: 0971-72020
E-Mail: info@laboklin.de

Weiterführende und verwendete Literatur

A. Bücher

BLAUSCHECK, R. (1995): Das Paludarium. 2. Aufl. – Landbuch, Hannover, 160 S.

BUNDESMINISTERIUM FÜR ERNÄHRUNG, LANDWIRTSCHAFT UND FORSTEN (1997): Gutachten über Mindestanforderungen an die Haltung von Reptilien. – Inhaltlich unveränderte Sonderausgabe der Deutschen Gesellschaft für Herpetologie und Terrarienkunde (DGHT), Rheinbach.

HAUSCHILD, A. & P. GASSNER (1995): Skinke im Terrarium. – Landbuch, Hannover, 197 S.

FRIEDERICH, U. & W. VOLLAND (2005): Futtertierzucht. Lebendfutter für Vivarientiere. 4., akt. Aufl. – Ulmer, Stuttgart, 187 S.

HENKEL, F.W. & W. SCHMIDT (2003): Terrarien – Bau und Einrichtung. 3. Aufl. – Ulmer, Stuttgart, 168 S.

KÖHLER, G. (1996): Krankheiten der Amphibien und Reptilien. – Ulmer, Stuttgart, 166 S.

–, B. EIDENMÜLLER & M. KNIRR (2004): Inkubation von Reptilieneiern. Grundlagen – Anleitungen – Erfahrungen. 2. Aufl. – Herpeton, Offenbach, 254 S.

RAUH, J. (2000): Grundlagen der Reptilienhaltung. – Natur und Tier - Verlag, Münster, 216 S.

B. Artikel

EVERS, M. (2006): Das Buschkrokodil – heimliche Schönheit im Terrarium. – REPTILIA 11(2): 55–60.

– (2009): Große Feuchtterrarien für den kleinen Geldbeutel. – DATZ 1/2009: 74–80.

MEYER, J. (2002): Einige Bemerkungen zur Haltung und Nachzucht von Helmskinken der Art *Tribolonotus gracilis* (DE ROOIJ, 1909). – herpetofauna 24(139): 28–35.

RUSSELL, M.J. (1996): Notes on the natural history, captive husbandry, and reproduction of Crocodile Skinks (*Tribolonotus gracilis*) at the Dallas Zoo. – Advances in Herpetoculture: 69–74.

– (1997): Skinks. The natural history and captive husbandry of *Tribolonotus gracilis*. – Reptiles 12/1997: 10–15.

Jungtier mit Drohgebärde Foto: M. Evers

Literatur vom NTV

Jede Menge Antworten auf Fragen rund um Ihr Hobby

Pflanzen im Terrarium

Anleitung zur Pflege von Terrarienpflanzen, zur Gestaltung naturnaher Terrarien und Auswahl geeigneter Pflanzenarten

B. Akeret

400 Seiten, über 1.000 Abbildungen
Format 17,5 x 23,2 cm
ISBN 978-3-86659-060-1
Preis: 39,80 €

Wer sich den Wunsch erfüllen möchte, sich mit einem Terrarium ein Stück Natur ins Haus zu holen, der kommt bei der naturnahen Gestaltung dieses Lebensraumes für seine Pfleglinge nicht an einer Bepflanzung vorbei. Pflanzen erhöhen nicht nur den Schauwert eines Terrariums, sie verbessern auch das Klima und bieten den Tieren zudem Deckung und Versteckplätze. Manche Amphibien und Reptilien sind außerdem sehr eng an gewisse Pflanzen gebunden. Deshalb erfüllt die Bepflanzung im Terrarium eine ganze Reihe von Funktionen und stellt einen wichtigen Bestandteil der Einrichtung dar. Dieses Buch zeigt, welche Pflanzen für welchen Terrarientyp geeignet sind und wie mit Hilfe von Pflanzen aus der Heimatregion der gepflegten Tiere ein ästhetisch ansprechender Ersatzlebensraum gestaltet werden kann, in dem sowohl die Pflanzen als auch die Tiere gut gedeihen.

Besuchen Sie uns auf www.ms-verlag.de

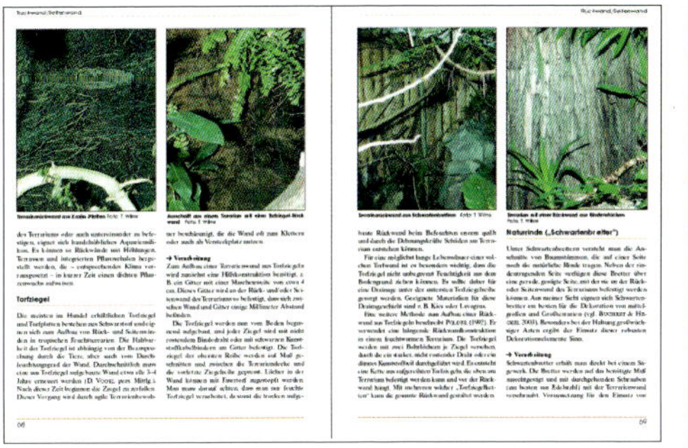

Terrarieneinrichtung
Grundlagen • Materialien • Methoden
T. Wilms

128 Seiten, 181 Fotos, 1 Tabelle
Format: 16,8 x 21,8 cm
ISBN 978-3-931587-90-1
Preis: 19,80 €

Gekonnt eingerichtete Terrarien sind ein Blickfang in Ihrer Wohnung und geben dem Hobby die richtige Würze. Und nur in artgerecht eingerichteten Terrarien fühlen sich Ihre Pfleglinge wirklich wohl, zeigen das gesamte Verhaltensspektrum und pflanzen sich auch fort. Der erfahrene Praktiker Thomas Wilms, DRACO-Redakteur, Biologe und Zoologischer Leiter des Reptilium in Landau, erläutert in diesem wegweisenden Standardwerk nicht nur biologische Hintergründe, sondern bietet vor allem detaillierte, leicht nachvollziehbare und ausführlich bebilderte Schritt-für-Schritt-Anleitungen für den Eigenbau sämtlicher Einrichtungsgegenstände – von Kunstfelsen über Rückwände bis hin zu Bachlauf und Wasserfall.

Natur und Tier - Verlag GmbH
An der Kleimannbrücke 39/41, 48157 Münster
Telefon: 0251-13339-0, Fax: 13339-33
E-Mail: verlag@ms-verlag.de, Home: www.ms-verlag.de

NTV